HAUS DER ELEKTROTECHNIK

OFFIZIELLER FÜHRER
DURCH DIE
HERBSTAUSSTELLUNG 1924

ZUSAMMENGESTELLT
UNTER MITWIRKUNG DER LEIPZIGER GESCHÄFTSSTELLE
DES HAUSES DER ELEKTROTECHNIK

Springer-Verlag Berlin Heidelberg GmbH
1924

ISBN 978-3-662-27141-4 ISBN 978-3-662-28624-1 (eBook)
DOI 10.1007/978-3-662-28624-1

Dem aufstrebenden Wiederaufbau der deutschen Industrie entsprechend hat sich
Das Haus der Elektrotechnik
seit der letzten Messe nach allen Seiten gedehnt und damit einem weiteren, gewaltigen Zustrom an Ausstellern die Tore geöffnet. Wenn auch die Ungunst der gegenwärtigen Verhältnisse allen diesen ein fertiges Heim noch nicht zu bieten vermag und sie damit auf die nächste Frühjahrsmesse vertrösten muß, so haben sie doch wenigstens in dem vorliegenden Führer eine Aufnahme gefunden. Diejenigen Firmen von ihnen, denen es gelang, einstweilen in anderen Leipziger Räumen auszustellen, sind in einem besonderen A n h a n g dieses Führers vereinigt.

Der im obersten Stockwerk des HDE gelegene große Hörsaal wird auch diesmal wieder die Messeteilnehmer zur beschaulichen Sammlung vereinigen und ihnen Gelegenheit zur Anhörung zweier gehaltvollen Vorträge geben. Es werden sprechen:

Montag, den 1. Sept., 9 Uhr 30 vorm.: Herr Dr. H i l l e b r a n d über:

„Die Entwicklung von Spezialtypen im Elektromaschinenbau",

und

Dienstag, den 2. Sept., 9 Uhr 30 vorm.: Herr Dr. P a s s a v a n t über:

„Elektrische Niederspannungsanlagen und Bau der darin verwendeten Verbrauchsapparate".

An den erstgenannten Vortrag wird sich um 11 Uhr vormittags eine

„F ü h r u n g d u r c h d a s H a u s d e r E l e k t r o t e c h n i k"

anschließen, zu der sich die Teilnehmer im Geschäftszimmer des HDE vereinigen.

Aussteller-Verzeichnis
des Vereins
„Haus der Elektrotechnik" e. V.
Herbstmesse Leipzig 1924.

Firma	Ausstellungs-Stand Nr.
Die mit * bezeichneten Firmen sind Mitglieder des Vereins Haus der Elektrotechnik, stellen jedoch dieses Mal noch nicht im Haus der Elektrotechnik aus, weil ihre Stände infolge baulicher Schwierigkeiten nicht fertig geworden sind. Ihre Ausstellungsstände und weitere Einzelheiten enthält der Anhang Seite 41 ff.	
Robert Abrahamsohn, Berlin NW 87, Turmstr. 70 . .	82, *Erdgeschoß*
Accumulatoren-Fabrik Aktiengesellschaft, Zentralbüro: Berlin SW 11, Askanischer Platz 3 . . . Fabriken: Hagen i. W. und Berlin-Oberschöneweide. **AFA**-Akkumulatoren — **Varta**-Akkumulatoren — Gleichrichter.	179, *Mittelhalle*
Accumulatoren-Fabrik „Dominit", Abtlg. d. Sprengstoff-Fabriken Hoppecke A.-G., Köln a. Rhein	333, *Obergeschoß, stellt nicht aus*
Gebr. Adt A.-G., Groß-Auheim b. Frankfurt a. M. . .	98, *Obergeschoß, stellt nicht aus*
Aegir Elektrizitäts-A.-G., Chemnitz, Schloßstr. 14 . .	46, *Erdgeschoß*
F. W. Ahlert Söhne K.-G. (vormals Gebr. Neumann & Co., Akt.-Ges.), Berlin SO 16, Köpenicker Straße 55 . . . . Taschenlampenhülsen — Hauslampen — Fahrradlampen — Leuchtstabhülsen — gestanzte Massenartikel aus Weißblech, Messing etc.	185
Aktiengesellschaft Mix & Genest, Telephon- und Telegraphen-Werke, Berlin-Schöneberg . . . . Signal-Apparate — Telephone aller Art — Elemente — Radiogerät — Rohr- und Seilpostanlagen — Elektr. Uhren.	197

Firma	Ausstellungs-Stand Nr.
Allgemeine Elektricitäts-Gesellschaft, Berlin NW 40 . **AEG** Elektrotechnische Erzeugnisse jeder Art.	*Vor und im Stand E Standtelephon 187 24*
Allgemeine Maschinenbau-Gesellschaft A.-G., Chemnitz, Planitzstr. 105—107 . . . . Elektromotoren — Anlaßapparate — Radioapparate.	*200, Mittelhalle*
Angelmi-Werke, Leipzig, Jacobstr. 2 . . . . Isolier- und Sicherungsmaterial für die Elektrotechnik.	*107, I. Stock*
Apparatebau Akt.-Ges. Kracker & Co., Nürnberg, Siegfriedstr. 9—17 . . . . Heißluftduschen — Ventilatoren aller Art — Speifontänen und Speisäulen — Motorradbeleuchtungen — Motorräder Marke „Abako".	*44, Erdgeschoß*
Ariadne, Draht- und Kabelwerke A.-G., Berlin O 112, Boxhagener Str. 76/8	*87, Obergeschoß*
M. Oskar Arnold, Elektrotechnische Werke, Neustadt b. Coburg . . . . Elektro-Installations-Material — Elektro-Porzellane — Elektro-Hartpappwaren.	*55, Erdgeschoß*
Aron Elektrizitäts-Gesellschaft m. b. H., Berlin-Charlottenburg, Wilmersdorfer Str. 39 . . . . . . Entwicklung des Elektrizitätszählers bis zur Gegenwart — Blind-, Höchst-, Überverbrauchzähler — Meßwandler — Schaltapparate — elektrische Uhren — Reklamemotoren — Radioempfangsapparate für In- und Ausland — Radio-Ersatzteile aller Art.	*190, Halle*
Asbest- u. Gummi-Industrie W. Richard Putze, Berlin S 42, Luisenufer 12	*103, Obergeschoß*
Auer-Stotz Beleuchtungskörper G. m. b. H., Berlin O 17 — Stuttgart . . . . Beleuchtungskörper — Beleuchtungskörper-Einzelteile — Lampenschirme aller Art — Bronzefiguren.	*261, I. Obergeschoß, stellt nicht aus*
Deutsche Gasglühlicht-Auer-Gesellschaft m. b. H., Berlin O 17 . . . . . . Elektrische Heiz- und Kochapparate Marke „Degea".	

Firma	Ausstellungs-Stand Nr.
Markus M. Bach, Berlin W 15, Kaiser-Allee 19 . . . Beleuchtungsarmaturen — Metalldraht- und Halbwatt-Lampen.	*228a, stellt nicht aus*
Badische Elektrizitäts-Aktiengesellschaft, Mannheim . Radioapparate und Zubehörteile — Elektrischer Fernleitungs- u. Ortsnetzbau — Schalt- u. Kraftanlagen — Handlampen — Verschiedenes Elektro-Material.	*51, stellt nicht aus*
Albert Baltzer, Nachfolger, Metallwaren- und Schraubenfabrik, Nürnberg, Glockenhofstr. 27 . . . . Metallinnenteile für elektrotechnische Porzellane — Radio-Zubehörteile.	*141, Obergeschoß*
Bamberger Industrie-Gesellschaft, Bamberg, Kapellenstraße 28 . . . . Sicherungselemente aller Art — Abzweigdosen — Abzweigscheiben — wasserdichte Armaturen und Kellerfassungen — Wandfassungen — Glühlampenaufzüge — Dachständer-Einführungen.	*159, Obergeschoß*
Batky-Motoren-Werke A.-G., Chemnitz	*221, stellt nicht aus*
Bayerische Elektricitäts-Werke München-Landshut A.-G., Landshut (Bayern) . . . . Elektromotoren — Drehstrom-Generatoren — Transformatoren — Umformer — Niedervolt-Maschinen — Anlaß- u. Regulier-Widerstände.	*278, Anschluß im Haus*
Max Becker & Co., Berlin SW 29, Belle-Alliance-Straße 81	*228, Obergeschoß, stellt nicht aus*
Bender & Wirth, Kierspe (Bahnhof) i. Westfalen . . Glühlampenfassungen Edison u. Swan — Schalenhalter — Nippel — Dreh-, Tumbler- u. Hebelschalter — Steckkontakte — Sicherungen — Sicherungspatronen — Zugpendel — Deckenrosetten — Abzweigdosen.	*12, Erdgeschoß*
Bergmann - Elektricitäts - Werke Aktiengesellschaft, Berlin N 65, Seestr. 63—67 . . . . Elektrische Erzeugnisse aller Art.	*48, Erdgeschoß*
Berliner Elektricitäts-Gesellschaft m. b. H., Berlin NW 87, Alt-Moabit 73 . . . . Beleuchtungskörper — Außen- u. Innen-Armaturen — Heiz- u. Kochgeräte — Installationsmaterialien.	*160, I. Obergeschoß*

Firma	Ausstellungs-Stand Nr.
Bernburger Motoren-Werk A.-G., Bernburg a. S., Am Parforcehaus	8, Erdgeschoß, *stellt nicht aus*
W. A. Birgfeld, Telephon- und Telegraphenbau A.-G., Berlin W 8, Unter den Linden 17—18 . . . . Radio-Apparate u. -Zubehörteile — Spezialität: Dr. Nesper-Hörer mit verstellbarem Magnetsystem — Dr. Nesper-Drehkondensatoren.	6, Erdgeschoß
Bischoff & Hensel, Elektrotechnische Fabrik, Aktiengesellschaft, Mannheim . . . . Elektr. Spezialapparate für Krane und Bahnen.	51, Erdgeschoß
Walter Bochmann G. m. b. H., Aue i. Erzgeb., Reichsstraße 9	232, Obergeschoß, *stellt nicht aus*
Boettcher Elektrizitäts-Gesellschaft, Spezialfabrik für Hochspannungs-Apparate und Schaltanlagen, Altenburg in Thür. . . . . Ölschalter mit selbsttätiger Wiedereinschaltvorrichtung — Grubenölschalter — Hörnertrennschalter mit doppelpoliger Maximalauslösung und automatisch wirkender Wiedereinschaltvorrichtung — Ölsicherungsschalter.	39
Böker & Krüger, Berlin-Neukölln, Hermannstr. 48 . .	298, Obergeschoß, *stellt nicht aus*
Karl Borg A.-G., Leipzig, Kochstr. 28	93, Obergeschoß
Oskar Böttcher, Gesellschaft mit beschränkter Haftung, Berlin W 57, Bülowstr. 56 . . . . Ventilatoren — Kleinmotoren — Schwachstrom-Apparate — Induktionsapparate — Spielzeug-Motoren — Taschenlampen-Batterien.	253, Obergeschoß, *stellt nicht aus*
J. D. vom Brocke, Halver i. W. . . . . Elektrotechnische Bedarfsartikel. **Isolierwerk G. m. b. H.**, Halver i. W. . . . . . . Isolierrohre etc. und Zubehörteile.	110, Obergeschoß
Brown Boveri & Co. A.-G., Mannheim-Käfertal . .	215, Erdgeschoß, *stellt nicht aus*
Brücknerwerk G. m. b. H., Haspe i. W.	310, Obergeschoß, *stellt nicht aus*
Brunnquell & Co., Sondershausen i. Thür.	187, Mittelhalle

Firma	Ausstellungs-Stand Nr.
Bünte & Remmler, Frankfurt a. M., Lahnstr. 60—68 . Beleuchtungskörper — Massenartikel des Beleuchtungsfachs — Lichttechnische Armaturen — Elektrische Staubsauger „Electro-Servus" und „Servulus".	*151, Obergeschoß*
F. W. Busch, Aktien-Gesellschaft, Lüdenscheid . . . Elektrotechnische Bedarfsartikel wie: Schalter — Fassungen — Sicherungen — Steckkontakte — Schalenhalter — Nippel etc. — Spezialität: Drehschalter aller Art.	*280, stellt nicht aus*
Wilhelm Carstens, Elektro-Chemische Fabrik, Lackfabrik, Hamburg 39 . . . . Isolierlacke — Mikanit — Preßspan — Isoliermaterialien für Elektrotechnik — Glühlampen-Tauchlacke — Anker-Isoliermaterialien.	*234 a, stellt nicht aus*
Dr. Cassirer & Co. A.-G., Charlottenburg, Keplerstraße 1—10 . . . . Bleikabel für Stark- und Schwachstrom — Kabelgarnituren — Baumwolldrähte — Seidendrähte — Radioschnüre — Isolierte Leitungen jeder Art — Isolierband.	*120, Obergeschoß*
Chemnitzer Transformatorenfabrik vorm. Ernst Bürklen, Chemnitz, Zschopauer Str. 67	*33, Erdgeschoß*
Columbuswerk Heynhold & Leicht Kom.-Ges., Bruchsal (Baden)	*329, Obergeschoß, stellt nicht aus*
Continentale Isola-Werke A.-G., Düren . . . . . . Isoliermaterialien für die Elektrotechnik: Hartpapier: Spez. Carta — Glimmer — Mikanitfabrikate — Preßmaterialien: Luxit, Durax, Fermit — Ölseiden-, Leinenpapiere — Stützer und Durchführungen — Emailledraht — Isolierlacke — Isolatorenstützen.	*316, Obergeschoß, stellt nicht aus*
Controller Kom.-Ges., Detmold, Elisabethstr. 86 . .	*5, Erdgeschoß*
Conz Elektrizitäts-Gesellschaft m. b. H., Altona-Bahrenfeld b. Hamburg	*217, Erdgeschoß, stellt nicht aus*
Cöppicus-Schulte & Bongard, Neheim i. W.	*260, Obergeschoß, stellt nicht aus*
Emil Cordt G. m. b. H., Lüdenscheid i. W.	*241, Obergeschoß, stellt nicht aus*

Firma	Ausstellungs-Stand Nr.
Cramer, Heyrock & Co., Metallwarenfabrik u. Isolierrohrwerk, Lüdenscheid i. Westf.	336, *Obergeschoß, stellt nicht aus*
„Delmag" Deutsche Elektromaschinen- u. Motorenbau-A.-G., Eßlingen a. N.	284, *Obergeschoß, stellt nicht aus*
Rich. Demmler's Wwe., Fabrik elektrotechn. Porzellanapparate, Blechhammer i. Thür. Wasserdichte Porzellanarmaturen — Kellerfassungen — Sicherungs-Elemente.	231, *Obergeschoß, stellt nicht aus*
Deutsche Elemente-Fabrik Hans Neumann, Berlin SO 26, Elisabeth-Ufer 53	185, *Mittelhalle*
Deutsche Kabelwerke A.-G., Berlin O 112, Boxhagener Straße 80 . . . . Starkstromkabel — Schwachstromkabel — Isolierte Leitungen und Schnüre aller Art — Deka-Isolierband.	99, *Obergeschoß*
Deutsche Telephonwerke und Kabelindustrie Aktiengesellschaft, Berlin SO 33, Zeughofstr. 6—9 . . . Fernsprechanlagen — Kabel aller Art — Original Vox-Radio-Apparate, Zubehör und Einzelteile — Gleichrichter — Rohrpostanlagen — Seilpostanlagen.	212, *Mittelhalle* *Tel. 235 59*
Friedrich Dörscheln, Lüdenscheid i. W. . . . . . Elektrotechnische Artikel.	147, *I. Obergeschoß*
Drahtwerk Elisental, vorm. C. Schniewindt, Inh. W. Erdmann, Neuenrade i. W. . . . . Metalldrähte — Widerstandsdrähte — Magnetspulen.	96, *Obergeschoß, stellt nicht aus*
Ernst Dreefs G. m. b. H., Unter-Rodach (Oberfranken) Drehschalter — Steckdosen — Stecker — Dachständereinführungen.	123, *Obergeschoß*
Dura Elementbau G. m. b. H., Rudolstadt i. Th. . . Taschenlampenbatterien — Elemente.	199, *Mittelhalle*

Firma	Ausstellungs-Stand Nr.
Dyckerhoff & Widmann A.-G., Cossebaude (Elbtal). Geschleuderte Stahlbetonmaste für Hochspannungsleitungen — Ortsnetze — Staats- und Straßenbahnen sowie Kandelaber für Platz- und Straßenbeleuchtungen.	*291, Obergeschoß*
Otto Ehlers Aktiengesellschaft, Stettin . . . . . . Anlaßapparate jeder Art für Elektromotoren.	*16, Obergeschoß*
Paul Eichhorn, Dresden-Kleinzschachwitz, Pillnitzer Straße 5 . . . . Spezialfabrik für Freileitungs- und Verbindungsmaterial — Spezialität „Eichhorn"-Klemme D.R.P. — „Janus"-Klemme D. R. P. a.	*27 a, Erdgeschoß*
Theodor Eiffländer, Berlin SO33, Köpenicker Str. 154a Spezialfabrik für Taschenlampen und Anoden-Batterien.	*38, Erdgeschoß*
Paul Eisenstuck, Leipzig, Bayersche Str. 80 . . . . Hoch- und Niederspannungs-Schaltapparate.	*80, Erdgeschoß*
Elektrizitäts-Aktiengesellschaft Hydrawerk, Berlin-Carlottenburg 5, Windscheidstr. 18 . . . . . Spezial-Erzeugnisse: Pendel-Gleichrichter — Glimmlicht-Gleichrichter — Gleichstrom-Ladevorrichtungen — galvan. Elemente — Kondensatoren — Radio-Niederfrequenz-Transformatoren — Heiz- u. Anoden-Batterien — Edelgas-Sicherungen (als Blitzschutz und für Telephonanlagen) — Klein-Transformatoren.	*207, Mittelhalle*
Elektrizitäts-Gesellschaft „Colonia" m. b. H. & Co., Köln-Zollstock . . . . Elektromotoren für Gleich-, Dreh- und Wechselstrom bis 500 PS — Generatoren bis 500 KVA — Transformatoren bis 3000 KVA und 50 000 Volt — Elektromagnetwalzen und -Maschinen zum Ausscheiden von Eisen aus allen Materialien.	*29, Erdgeschoß*
Elektrizitätsgesellschaft „Sanitas", Berlin N 24, Friedrichstr. 131 D	*132, Obergeschoß*
Electro-Automaten m. b. H., Heilbronn a. N., Achtungstr. 14—16 . . . . Fabrik automatisch-elektrischer Schaltapparate.	*125, Obergeschoß*

Firma	Ausstellungs-Stand Nr.
Elektrobeheizung G. m. b. H., Vereinigte Heizapparate-Fabriken der AEG und der Bing-Werke, Nürnberg. . . . . Sämtliche elektrisch beheizten Apparate für Haushalt, Gewerbe und Industrie.	22, *Erdgeschoß*
Elektro-Constructor G. m. b. H., Berlin SO 26, Mariannenplatz 11/13	*130 a, Obergeschoß*
Elektrofabrik Stuttgart, Waldner & Kienzle, Stuttgart, Forststr. 195 . . . . Installationsmaterial etc.	*143 A, Obergeschoß*
Menden, Kreis Iserlohn . . . . Heiz- u. Widerstandsdrähte — Widerstandsmaterial in Band- und Gitterform.	*322, I. Obergeschoß, stellt nicht aus*
Elektro-Industrie G. m. b. H., Elektrotechn. Fabr., Menden, Kr. Iserlohn . . . . Kabelschuhe u. Muffen aller Art — Gruben- u. Kranbahn-Isolatoren — Fahrdrahthalter — Freileitungsklemmen — Stahlpanzer-Isolierrohr u. Schlitzrohr etc. — elektr. Bügeleisen.	*35, Erdgeschoß*
Elektro-Isolier-Industrie m. b. H., Wahn (Rheinland) Emailledrähte — Isolierschläuche — Hartpapier (Wahnerit) — Busdrähte — Isolierlacke — Bowdenzüge.	*98, Obergeschoß*
*****Elektro-Konstruktions-Werkstätten Kurt Dietrich,** Chemnitz	*siehe Anhang.*
Elektro-Lampe Kom.-Ges., Weimar	*235, Obergeschoß, stellt nicht aus*
Elektromind Akt.-Ges. für elektromechanische Industrie, Berlin N 4, Chausseestr. 42 . . . . . . Elektr. Kleinbeleuchtungsartikel.	*208, Mittelhalle*
Elektromotorenfabrik Hannover A.-G., Hannover, Am Clevertore 1	*31, Erdgeschoß*

Firma	Ausstellungs-Stand Nr.
Elektromotorenwerke Heidenau, G. m. b. H., Heidenau-Süd, Bez. Dresden	32, Erdgeschoß
Gleichstrom-Motoren — Drehstrom-Motoren — Einphasen-Wechselstrom-Motoren — Dynamos für Gleichstrom — Drehstrom-Generatoren — Motoren mit vertikaler Welle — Niederspannungs-Maschinen — Einanker-Umformer — Anlaß-Widerstände — Regler.	
Elektro-Motoren-Werk Wilhelm Wolff & Co., Leipzig-Reudniz, Margaretenstr. 6	60, Erdgeschoß
Drehstrommotoren.	
Elektrotechnische Fabrik J. Carl G. m. b. H., Oberweimar (Thür.)	4, Erdgeschoß
Wasserdichtes und explosionssicheres Installationsmaterial, besonders für Bergwerke und rauhe Betriebe — Außenarmaturen, feueremailliert oder aus Gußeisen — Illuminations- und Reklame-Beleuchtung — Handlampen.	
Elektrotechnische Fabrik Offenbach vorm. Schröder & Co., Offenbach a. M.	19, Erdgeschoß
Installationsmaterialien, wie Schalter, Fassungen, Sicherungen, Steckdosen etc. — Transformatoren aller Art — Ölschalter und sämtliche Hochspannungs-Apparate.	
Elektrotechnische Fabrik Pötter & Schütze G. m. b. H., Essen-Rellinghausen, Waldsaum 49 ...	70, Erdgeschoß, stellt nicht aus
Elektrotechnische Fabrik Schmidt & Co., Berlin N 39, Sellerstr. 13, für Export: „Daimon"-Export-Abteilung	202, Mittelhalle
Elemente — Batterien — Glühlampen — Sämtliche Radio-Einzelteile — Alle Schwachstrom-Artikel.	
Elektrotechnische Fabrik Schoeller & Co., Frankfurt a. M.-Süd, Moerfelder Landstr. 117	21, Erdgeschoß
Elektrotechnische Fabrik Weber & Co., Kranichfeld a. Ilm	75, Erdgeschoß
Elektrotechnische Fabrik Wolfes & Weiße G. m. b. H., Hannover	294, Obergeschoß, stellt nicht aus
Elektrische Sicherungen aller Systeme u. Schmelzstreifen.	

— 14 —

Firma	Ausstellungs-Stand Nr.
Elektrotechnische Metallwarenfabrik Storch & Stehmann G. m. b. H., Ruhla i. Thür.	156, Obergeschoß
„Elfa" Elektrotechnische Fabrik G. m. b. H., Frankfurt a. M., Oberrad Elfa-Automaten (Maximal-Ausschalter zum Ersatz von Schmelzsicherungen).	167 a, Erdgeschoß
Ellinger & Geißler, Dorfhain Bez. Dresden, Post Edle Krone	252, Obergeschoß, stellt nicht aus
Eltax Elektro-Aktiengesellschaft, Berlin SW 68, Charlottenstr. 96	285, Obergeschoß, stellt nicht aus
*„**Emag**" **Elektrizitäts-Aktien-Gesellschaft**, Frankfurt a. M., Fabrik elektrischer Starkstromapparate und Schaltanlagen. Hochspannungsapparate.	11, Erdgeschoß. s. auch Anhang
*****Eza-Werk, Zabel & Co.**, Bamberg	siehe Anhang.
FEBA — **Nürnberg**, Nürnberg, Schlüsselfelderstr. Nr. 6—6a, Fabrik Elektrotechnischer Bedarfs-Artikel Isolierrohrzubehörteile — Sicherungs- und Installationsmaterialien — Alle Exportmodelle.	324, Obergeschoß, stellt nicht aus
Felten & Guillaume Carlswerk A.-G., Köln-Mülheim Blanke und isolierte Drähte und Leitungen aus Kupfer, Bronze und Aluminium für Stark- und Schwachstrom — Manteldrähte — Dynamodrähte — Pluviusleitungen — Kabel aller Art — Kabelgarniturteile — Verlegung ganzer Kabelnetze — Technische Gummiwaren — Drähte — Drahtwaren — Drahtseile — Antennenlitzen.	
Norddeutsche Seekabelwerke A.-G., Nordenham. Seekabel.	137, Obergeschoß
Süddeutsche Telefon-Apparate-, Kabel- und Drahtwerke, A.-G., vormals Felten & Guilleaume Carlswerk A.-G., Zweigniederlassung Nürnberg, Nürnberg Sämtl. Fernsprecheinrichtungen — Radio-Apparate, -Röhren.	

Firma	Ausstellungs-Stand Nr.
Raimund Finsterhölzl, Ravensburg . . . . Rafi-Kontakte — Rafikombinationen.	72, Erdgeschoß
Paul Firchow Nachf., G. m. b. H., Berlin SW 61, Belle-Alliance-Str. 3 . . . . Schaltuhren für Treppen- u. Straßenbeleuchtung — Zeitschalter — Blinklichtschalter — Motorschaltwerke — Elektrizitätszähler.	259 a, I. Obergeschoß, stellt nicht aus
Hermann Firnau, Hamburg, Isolierrohrfabrik	111, Obergeschoß
Fleischhacker Lampen-Comp., Dresden-N. 23, Großenhainer Str. 92 . . . . Kohlenfadenlampen — Blumen-, Frucht- und Figurenlampen — Reklame-, Dekorations- und Effektbeleuchtungen — Christbaumlampen — Schalter — Dosen — Sicherungsmaterial — Nippel — Lüsterklemmen.	130, Obergeschoß
Carl Flohr A.-G., Berlin N 4, Chausseestr. 35 . . . . Elektromotore — Anlasser — Aufzugsmaschine — Elektrozug.	220, Erdgeschoß, Telephon 716 51, stellt nicht aus
Karl Franke, Fabrik elektrischer Koch- u. Heizapparate, Hannover-Waldheim . . . . Elektrische Heiz- und Kochapparate für Küche und Haus — Elektrobeheizung für Industrie und Gewerbe.	289, Obergeschoß, stellt nicht aus
Frankenwerk Akt.-Ges., Kulmbach . . . . Isolier- u. Stahlpanzerrohre.	297, Obergeschoß, stellt nicht aus
Hermann Frenkel, Lackfabrik, Mölkau b. Leipzig, Post Paunsdorf	144, Obergeschoß
*****Fresen & Co., Fabrik elektrotechnischer Spezialartikel,** Lüdenscheid	siehe Anhang.
Friedrichswerk, Inh. H. Heusser, Kleinschmalkalden (Thüringen) . . . . Spezialität: Fassungen — Schalter — Sicherungen etc. sowie sämtliche Materialien für den engl. Markt.	45, Erdgeschoß
R. Frister A.-G., Berlin-Oberschöneweide, Edisonstr.	129, Obergeschoß
Gustav Frohne & Co., Schötmar (Lippe)	317, Obergeschoß, stellt nicht aus

Firma	Ausstellungs-Stand Nr.
Froitzheim & Rudert, Schnellflecht- und Kreuzspulmaschinenfabrik, Berlin-Weißensee, Langhansstr. Nr. 129—131 . . . . Schnellflechter — Präzisions-Kreuzspuler.	59, Erdgeschoß
„Gea" Ges. f. elektr. Apparate m. b. H., Ulm a. D. . Spezialität: Elektrische Heizkissen.	142, Obergeschoß
Gehre-Dampfmesser-Gesellschaft, Berlin N 31, Brunnenstraße 156	158, Obergeschoß
Chr. Geyer, Elektrotechnische u. Metallwarenfabrik, Nürnberg, Kernstr. 26—30 . . . . Spezialität: Hausanschlußsicherungen — Zählertafeln — Etagenabzweigkästen — Motor-Schaltkästen — Metallteile für Elektro-Porzellane.	157, Obergeschoß
Globus-Zählerfabrik G. m. b. H., Berlin-Neukölln, Bergstr. 102/106	325, Obergeschoß, stellt nicht aus
A. Gobiet & Co., Elektrotechnische Werke, Cassel-Bettenhausen (Zweigwerk in Rotenburg an der Fulda) . . . . Transformatoren — Drehstrom-Motoren — Rohöl-Motor-Aggregate — Radmagnete (Hochspannungs-Zündapparate) — Stall- und Klingeltransformatoren.	18, Erdgeschoß
Gollmer & Reuter, Elektrotechnische Fabrik, Halle (Saale), Landwehrstr. 19 . . . . Universalschalter — Steckdosen — Stecker — 4 DRP.	160 a, Obergeschoß
Groß-Motoren-Werke G. m. b. H., Berlin N 4, Chausseestraße 27 . . . . Elektro-Motoren für Drehstrom und Gleichstrom — Einphasen-Wechselstrom-Motoren — Gleichstrom-Dynamos — Drehstrom-Generatoren — Einanker-Umformer — Kran- und Aufzugs-Motoren — kompensierte Drehstrom-Motoren.	183, Mittelhalle
Dr. Siegfr. Guggenheimer A.-G., Fabrik elektrischer Meßinstrumente, Tachometer u. Tachographen, Nürnberg, Schoppershofstr. 52/54	196, Mittelhalle

Firma	Ausstellungs-Stand Nr.
W. Gurlt G. m. b. H., Telefon- u. Telegrafenwerke, Berlin SO 36 . . . . Telephonapparate — Vollautomatische und manuelle Fernsprechzentralen nebst Zubehör.	*204, Mittelhalle*
„Habebe" Elektrizitäts- u. Maschinen-Gesellschaft m. b. H., Berlin-Baumschulenweg, Kiefholzstr. 176/178	*23, Erdgeschoß*
S. Habermann, Wattenscheid i. W., Zweigniederlassungen: Berlin, Barmen, Weißwasser O.-L. . . . . Azopal-Armaturen D. R. W. Z. — Marmopal-Beleuchtungen D. R. W. Z.	*148, Obergeschoß*
Hackethal-Draht- und Kabel-Werke Aktiengesellschaft, Hannover	*282, Obergeschoß, stellt nicht aus*
Gottfried Hagen Aktiengesellschaft, Köln-Kalk, Abteilung Akkumulatoren-Werke . . . . . Elektr. Handlampen — Stationäre und transportable Akkumulatoren jeder Art — Ersatz- und Reparatur-Zubehör.	*90, Obergeschoß*
Hala, Hannoversche Lampenfabrik, G. m. b. H., Hannover, Wilhelmstr. 5a . . . . Arbeits- und Gebrauchslampen — Hala-Heiz-Sonnen — Hala-Parabol- und Hohlraum-Reflektoren.	*146, Obergeschoß*
Hannemann & Cie., Gebr., G. m. b. H., Düren (Rhld.), elektrotechnische Fabrik . . . . Freileitungsmaterial — Beleuchtungskörper für Außenbeleuchtung — Ausrüstungsteile für Schaltanlagen und Transformatorenstationen — Materialien für elektrische Krane — Schiebebühnen — Gruben- und Industriebahnen — Kabel-Garniturteile — Antennenbaumaterial.	*47, Erdgeschoß*
Hansa Elektrotechnische Fabrik G. m. b. H., Hamburg 23, Hasselbrookstr. 33 . . . . Hebelschalter — automatische Steuerungen.	*97, I. Obergeschoß*
Hartmann & Braun A.-G., Frankfurt a. M.-West 13, Königstr. 97, Fabrik elektrischer Meßgeräte . . Elektrische Meßgeräte für Schaltanlagen, Laboratorien, Prüffelder, Montage usw. — Elektrische Temperatur-, Druck- und Feuchtigkeits-Fernmesser und -Fernschreiber — Elektrische Drehzahl-Fernmesser und -Fernschreiber.	*186, Mittelhalle*

Firma	Ausstellungs-Stand Nr.
Heddernheimer Kupferwerk und Süddeutsche Kabelwerke, Aktiengesellschaft, Abteilung Süddeutsche Kabelwerke, Mannheim . . . . Isolierte Drähte und Kabel in jeder Ausführung für Stark- und Schwachstrom.	112, Obergeschoß
„Hegvo" Elektrizitäts - Wärme - Gesellschaft, Hagen i. W., Altenhagener Str. 89/91	257, Obergeschoß, stellt nicht aus
Otto Heiderich, Metallwarenfabrik, Berlin S 59, Urbanstraße 67 . . . . Taschenlampenhülsen — Handlampen — Fahrradlampen — Zinkbecher, für Trockenbatterien jeder Art — Zinken für Beutelelemente.	320, Obergeschoß, stellt nicht aus
Hellux A.-G., Hannover, Hildesheimer Str. 220 . . . Halbwattleuchten aus Guß und Emaille — Innenarmaturen — Schaufensterleuchten — Tisch-, Kipp-, Pult- u. Werkstattlampen — Kupplungen — Rollenböcke — Winden — Straßenüberspannungen.	259, I. Obergeschoß, stellt nicht aus
Helmholz & Pauli, Beleuchtungstechnische Spezialfabrik, Frankfurt a. Main, Jahnstr. 56 . . . . . Arbeitslampen — Armaturen für Innen-, Außenu. Fabrikbeleuchtung.	321, Obergeschoß, stellt nicht aus
Johann Henrich, Freiburg-Littenweiler . . . . . Spezialfabrik für Elektro- und Ökonom-Apparate.	66, Erdgeschoß
Hentschke, Buchholz & Co., Berlin SO 36 . . . . . Likrotherm, elektr. Heiz- u. Kochapparate — Likrozon-Zerstäuber — Likrozon-Inhalator.	295, I. Obergeschoß, stellt nicht aus
Herkules A.-G., Berlin W 15, Kurfürstendamm 213 . .	2, Erdgeschoß
Hermsdorf-Schomburg-Isolatoren-G. m. b. H., Hermsdorf i. Thür. . . . . Zugehörige Werke: Porzellanfabrik Hermsdorf, Hermsdorf i. Th., H. Schomburg & Söhne A.-G., Porzellanfabriken Margarethenhütte, Post Groß-Dubrau i. Sa. und Roßlau i. Anhalt, Porzellanfabrik Freiberg, Freiberg i. Sa.	79, Erdgeschoß Meß-Telephon 27 019

Firma	Ausstellungs-Stand Nr.
Porzellanfabrik Schwandorf, Schwandorf in Sachsen. Freileitungs-Stützen und Hänge - Isolatoren — Stützer und Durchführungen — Telegraphen- und Telephon-Isolatoren — Isolatoren für Radio-Telegraphie und -Telephonie — Installationsmaterial aus gepreßtem Porzellan — Porzellan-Artikel für chemisch-technische Zwecke.	
Wilh. Hilzinger, Stuttgart, Hausteigstr. 96	244, Obergeschoß, *stellt nicht aus*
Himmelwerk A.-G., Tübingen (Württbg.)	218 a, Obergeschoß *stellt nicht aus*
Paul Hochköpper & Co., Lüdenscheid i. W.	336, Obergeschoß, *stellt nicht aus*
Hochvolt-Gesellschaft m. b. H., Eisenach . . . . . Hochspannungsapparate — Hochspannungs-Schaltanlagen.	245 a, *stellt nicht aus*
Ing. M. Hoffmann, Elektrot. Fabrik, Leipzig, Otto-Schill-Str. 9 . . . . Ableuchtlampen u. Schlammpumpen f. Accumul.-Batter. — Ausleuchtapparate f. Dampfkessel und jeden Hohlkörper — Faßausleucht-Apparate — Nähmaschinen-Lampen — explosionssichere Handlampen — Untersäure- u. Unterwasserlampen — Säurepumpen.	15 a, Erdgeschoß
J. Wilhelm Hofmann, Kötzschenbroda-Dresden . . . Verbindungsmaterial für elektrische Leitungen — Armaturen für Hochspannungsleitungen.	30, Erdgeschoß
*****Guido Horn,** Berlin-Weißensee	*siehe Anhang.*
Dr. Th. Horn, Leipzig-Großzschocher, Hauptstr. 84 . . Ortsfeste Tachometer — Tachographen — Handtachometer — Autotachometer — Anzeigende u. registrierende elektrische Meßinstrumente — Klein-Elektromotoren u. -Dynamos — Fächer — Lüfter — Poliermotoren.	189, Mittelhalle, Erdgeschoß

Firma	Ausstellungs-Stand Nr.
F. Hornemann, Berlin SW 68, Neuenburger Str. 7 . . Elektr. Figuren — Tisch-, Kipp-, Klavierlampen — Hängebeleuchtungen — Zigarrenanzünder — Klingelkontakte aus Kunstbronze. Zweigniederlassung Augsburg . . . . Rauchverzehrer — Schmuckkästchen — Ziergegenstände aus echter Bronze.	*334, Obergeschoß, stellt nicht aus*
Clemens Humann, Metallwarenfabrik und Apparatebau, Leipzig-Neustadt, Wißmannstr. 27-29 Elektrische Koch-, Heiz- u. Bratapparate — Heißluftduschen — Massageapparate — Bügeleisen — Cehalcombination, bestehend aus Kochtopf, Teekanne und Bratpfanne.	*149, Obergeschoß*
„Ideal" **Elektrizitäts-Wärme-Ges. A.-G.,** Berlin N 31, Bernauer Str. 19	*307, Obergeschoß, stellt nicht aus*
Imela A.-G., Klotzsche-Dresden, Mühlweg 277 . . .	*292, Obergeschoß, stellt nicht aus*
Isaria-Zählerwerke Aktiengesellschaft, München 2 . . Elektrizitätszähler — Kleinmotoren — Ventilatoren — Klingeltransformatoren — Schleifmaschinen „Dynbal" — Rundfunkgeräte und -Einzelteile.	*188, Mittelhalle*
Isotherm-Apparatebau Dipl.-Ing. W. Langensiepen & Co., Dresden-A. 27, Bernhardstr. 84 . . . . . Elektrobeheizungen für Industrie, Gewerbe und Haushalt. Spezialitäten: Selbsttätige Temperaturregler — Selbsttätige Temperieranlagen und Apparate — Groß- und Kleintauchsieder — Heizkörper für rauhe Betriebe und Bahnen — Schnellheizöfen — Elektro-Radiator — Warmlüfter — Sicherheitsplättsparuntersätze — Spar-Fußwärmer.	*104, Obergeschoß*
Gebrüder Jacob, Zwickau i. Sa., Seilerstr. 7 . . . . Elektrotechnische und Gas-Beleuchtungsartikel — Kochapparate — Metallschläuche für Gas und alle technischen Zwecke — Luftpumpen.	*162, Obergeschoß*

Firma	Ausstellungs-Stand Nr.
Jaroslaw's Erste Glimmerwarenfabrik in Berlin, Berlin SO 36, Reichenberger Str. 79-80 . . . . . Rohglimmer — Naturglimmerfabrikate — Mikanit Spezialqualität für Heiz- u. Kochapparate — Kollektormikanit — Alle Façonstücke — Turbonit (bakel. Hartpapier), Spezialqualität Tf, tropenfest — Turbax (bakel. Hartfaserstoff) f. geräuschlos laufende Zahnräder — Olleinen — Ölseide — Ölpapier in Rollen u. Bändern — Ölschläuche — Preßspäne.	*114, Obergeschoß*
Jenaer Glaswerk Schott & Gen., Jena . . . . . . Stia-Elektrolyt-Zähler für Gleichstrom — Kondensatoren aus Minosglas für Hochspannungszwecke — Glaskolben für Quecksilberdampf-Gleichrichter.	*25, Erdgeschoß*
Friedrich Junker, Lüdenscheid i. W.	*236, Obergeschoß, stellt nicht aus*
Kabel- und Metallwerke Neumeyer Akt.-Ges., Nürnberg, Abteilung Kabelwerk . . . . Aluminium-Drähte und -Seile — Bleikabel für Licht- und Kraftübertragung — Drähte — Isolierte Leitungsschnüre und Kabel — Elektrische Kabel — Kupfer-Drähte und -Seile — Isolierte Leitungsdrähte — Rohrdrähte (Manteldrähte) — Wetterfeste und säurebeständige Leitungen.	*94, Obergeschoß*
Kabelwerk Rheydt Akt.-Ges., Rheydt (Rhld.) . . . Isolierte und blanke Kabel und Drähte aller Art — Dynamodrähte — Gummiader- und Semperleitungen — Kabel und Leitungen für Stark- und Schwachstrom in jeder Ausführung.	*86, Obergeschoß*
Kabelwerk Vogel, Cöpenick . . . . Stark- und Schwachstrom-Bleikabel — Induktionsfreie Kabel — Dynamodrähte — Autozündkabel — Rohrdrähte und wetterfeste Freileitungen.	
Fabrik isolierter Drähte zu elektrischen Zwecken (vorm. C. I. Vogel Telegraphendrahtfabrik) Akt.-Ges., Adlershof . . . . Baumwolldrähte — Seidendrähte — Emailledrähte — Widerstandsdrähte — Schwachstromdrähte — Telephondrähte — Telephonschnüre — Starkstromlitzen — Schnüre für Radiozwecke — Gewickelte Spulen und Radio-Zubehörteile.	*95, Obergeschoß*

Firma	Ausstellungs-Stand Nr.
S. Kalischak, Fabrik elektrotechnischer Bedarfsartikel, Bamberg i. Bayern	155, Obergeschoß
A. Kathrein, Fabrik elektrotechnischer Apparate, Rosenheim i. Obb. . . . . Spezialerzeugnis: Blitzschutzapparate für Hoch- u. Niederspannung.	139, Obergeschoß
Keiser & Schmidt, Charlottenburg, Charlottenburger Ufer 53-54 . . . . Apparate für Betriebskontrolle: Pyrometer für Temperaturen von —260 bis 1600° C. — Thermoelektr.- und Widerstands-Fernthermometer — Elektr. Feuchtigkeits-Fernmesser — Siedepunkterhöhungsmesser für Zuckerfabriken — Telephon-Apparate.	205, Mittelhalle
Kjellberg Elektroden G. m. b. H., Berlin SW 68, Alte Jakobstr. 9 . . . . Maschinen und Zubehörteile für die elektr. Lichtbogenschweißung: Schweißdynamos — Transformatoren — Schweißplatz-Ausrüstungen — Spezial-Elektroden (D. R. P. 231 733) — Meßgeräte.	216, Erdgeschoß, stellt nicht aus
F. Klöckner, Köln-Bayenthal . . . . Anlaß- und Steuerapparate — Hebelschalter — Motorschutzschalter — Kranausrüstungen — Anlaßgruppen.	173, Mittelhalle (Telephonanschluß)
Koch & Sterzel Aktiengesellschaft, Dresden-A. 24, Zwickauer Str. 40-42 . . . . Meßwandler — Umschaltbarer Transformator für verminderte Leerlaufverluste — Transformator mit aufgebautem Ölschalter — Kugel-Kilovoltmeter.	20, Erdgeschoß
Emil Köhler, Berlin S 59, Dieffenbchstr. 36	5 a, Erdgeschoß
Kohring & Elze, Glühlampenfabrik, Berlin N 65 . . . Spezialität: Niedervoltlampen.	140, Obergeschoß, stellt nicht aus
„Kontakt" Akt.-Ges., Fabrik elektrotechnischer Spezialartikel, Frankfurt a. M.-Rödelheim, Eschborner Landstraße 42-50 . . . . „Kontakt"-Einheitsmaterial — Kontakt-Ösen — Kontakt-Einheitszimmerofen.	61, Erdgeschoß

Firma	Ausstellungs-Stand Nr.
Kontakt-Werk Mühlacker, G. m. b. H., Mühlacker, Württemberg . . . . Guß-Steckdosen — Schalter — Schaltkasten.	335, Obergeschoß, *stellt nicht aus*
Körting & Mathiesen A.-G., Leipzig-Leutzsch . . . Kandemlampen — Schreibtisch- und Reißbrettlampen — Ellipsokop-Kopier-Apparate — Kinolampen — Kleintransformatoren — Schutzwandler — Elektrizitätszähler.	191, *Halle*
Leopold Kostal, Lüdenscheid i. W	290, Obergeschoß, *stellt nicht aus*
Krefelder-Metall-Ornamenten-Fabrik, Heinrich Hermanns, Krefeld, Blumentalstr. 141 . . . . . . Beleuchtungskörper in Messing und Bronze — Kunstgewerbliche Metallwaren.	153, *Obergeschoß*
Albert Kreuzer, Ingenieur, Spezialfabrik für Anlaß- u. Regulierwiderstände, Berlin-Schöneberg 1, Mühlenstraße 9	52, Erdgeschoß (Telephon)
Kromberg & Schubert, Barmen-Ritt. . . . . Isolierte Leitungen für Stark- und Schwachstrom (Telephonschnüre) — Isolierrohr — Drehstrommotoren.	258, Obergeschoß, *stellt nicht aus*
E. A. Krüger & Friedeberg, Berlin C 25, Dircksenstraße 51 . . . . Elektrische Kohlefaden- und niedervoltige Metallfaden-Glühlampen — anschlußfertige Christbaumgarnituren „Julfried" — elektrische Effekt- und Reklamebeleuchtung jeder Ausführung.	256, Obergeschoß, *stellt nicht aus*
Kugella vorm. Max Roth, G. m. b. H., Fabrik für elektrotechnische Installations-Gegenstände, Mittelschmalkalden (Post Wernshausen) . . . . . Fassungen — Schalter — Steckkontakte usw. für Inland und Export.	116, *Obergeschoß*
Rud. Lang, Kom.-Ges., Göppingen	330, Obergeschoß, *stellt nicht aus*
Carl Langbein, Glühlampenwerk, Cursdorf (Thür. Wald) . . . . Spezialitäten: Glühbirnen für Taschenlampen — Christbaumbeleuchtungen — Kleinbeleuchtungslampen.	97 a, Obergeschoß, *stellt nicht aus*

Firma	Ausstellungs-Stand Nr.
Langbein-Pfanhauser-Werke A.-G, Leipzig-Sellerhausen, Paunsdorfer Str. 62 . . . . Komplette galvanische Anlagen — Maschinen und Materialien für galvanische Anstalten.	211, *Mittelhalle*
Langlotz & Co., Fabrik elektrotechn. Bedarfsartikel, Ruhla . . . . Spezialität: Schalter u. Steckdosen.	326, *Obergeschoß, stellt nicht aus*
Dr. Max Levy, Berlin N 65, Müllerstr. 30 . . . . . Motoren und Dynamos aller Art für Gleich-, Dreh- und Wechselstrom — Synasynmotoren ohne Blindverbrauch — Umformer — Motorgeneratoren — Kleinmotoren in Normal- und Spezialausführung — Ventilatoren — Elektrowerkzeuge — Anlaß- und Regulierapparate — Akkumulatoren-Ladeapparate — Auto-Licht- und Anlaßmaschinen.	170, *Mittelhalle*
Leyhausen & Co., Elektrotechnische Spezialfabrik, Nürnberg, Bucherstr. 79 . . . **SURSUM -** Hausanschlußsicherungen — Stockwerksabzweigkästen — Zählertafeln — Zählerkreuze — Hebelschalter — Kraftsteckdosen — Motorschaltkästen.	109, *Obergeschoß (Telephon)*
Fritz Lichtenstein, Hamburg 36, Hohe Bleichen 31/32	313, *Obergeschoß, stellt nicht aus*
Günther Liebmann, Merseburg, Markt 20	57, *Erdgeschoß*
Liman & Oberlaender, G. m. b. H., Accumulatorenfabrik, Elementwerke „Watt", Berlin N 4, Wöhlertstr. 12-13 . . . . Radio-Heiz- und Anoden-Accumulatoren — Licht- und Anlasser-Batterien — Primär-Elemente Marke „Frosch".	44, *Erdgeschoß, stellt nicht aus*
Lindner & Co., Inh. Kurt Lindner, Fabrik elektrotechnischer Porzellan-Apparate, Jecha-Sondershausen Installations-Materialien.	78, *Erdgeschoß*
LLOYD DYNAMOWERKE A.G. BREMEN: **Süddeutsche Lloyd-Dynamowerke, Aktiengesellschaft,** Erlangen . . . . Dynamomaschinen — Elektromotoren — Turbogeneratoren — Einanker-Umformer — Transformatoren.	171, *Mittelhalle*

Firma	Ausstellungs-Stand Nr.
Hugo Löbl Söhne G. m. b. H., elektrotechnische Fabrik, Bamberg .... Hulo-Rohrzubehörteile — Elektrotechnische Installations Materialien Marke „Hulo".	42, Erdgeschoß
Löcknitzer Eisenwerk G. m. b. H., Löcknitz b. Stettin Drehstrommotoren — Drehstromgeneratoren — Gleichstrommotoren.	219 a, Erdgeschoß, stellt nicht aus
Loos & Co., Essen-Altenessen, Karlstr. 18/22	48, Erdgeschoß, stellt nicht aus
Otto Lootze, Fabrik hochwertiger Radio-Apparate, Berlin, Friedrichstr. 235 und Boppstraße 7 .... Radio - Amato - Empfangsanlagen vom Detector-Empfänger bis zum Röhren-Apparat — Einzelteile für Bastler: Doppel-Kopf-Hörer — Kondensatoren — Transformatoren — Spulenhalter — Klemmen usw.	242, Obergeschoß, stellt nicht aus
C. Lorenz Aktiengesellschaft, Berlin-Tempelhof, Lorenzweg .... Einschnurzentrale in Luxusausführung und Vorschaltapparat — Zwischenverstärkerschrank — Verstärkergestell und Klinkenumschalter — Fernsprechapparate verschiedener Typen, als Tisch- und Wandapparate — Streckenfernsprecher für wahlweisen Anruf — Einankerumformer zum Aufladen von Akkumulatoren — Radio-Empfangsapparate für Röhren- und Detektorempfang — Lautsprecher n. M.	203, Haupthalle
'Emil Löw, elektro-keramische Ofenfabrik, Oos ...	siehe Anhang
Lüdenscheider Metallwerke A.-G., Lüdenscheid i. W.	158, Obergeschoß
Lurgi Apparatebau-Gesellschaft m. b. H., Frankfurt a. M., Gerviniusstr.	229, Obergeschoß, stellt nicht aus
Lynenwerk, G. m. b. H. & Co., Eschweiler, Kreis Aachen .... Isolierte Drähte und Kabel für Stark- und Schwachstrom.	124, Obergeschoß

Firma	Ausstellungs-Stand Nr.
Maehler & Kaege, Elektrotechn. Spezialfabrik, Nieder-Ingelheim a. Rhein, Zweigfabrik in Unterrodach, Oberfranken . . . . Wasserdichte Porz.- u. Gußschalter sowie Kellerschalter mit V. D. E.-Prüfung, Isolierstoffhandlampen mit V. D. E.-Prüfung — Backofenlampen — wasserdichte Porz.-Fassungen u. Porz.-Armaturen — Emailleblech-Armaturen — Wandarme und Straßenbeleuchtungsmaterial.	*13, Erdgeschoß*
Maffei-Schwartzkopff-Werke, Berlin N 4 . . . . . Dampf-Turboaggregate — Elektromaschinen — Kreiselpumpen-Anlagen — Elektr. Lokomotiven.	*178, Mittelhalle*
Maienthau & Wolff, Fabrik elektr. Lehrmittel u. Spielzeugmotoren, Nürnberg . . . . Spielzeugmotoren — Induktionsapparate für Schul- u. Versuchszwecke — Einbau- u. Kleinmotoren bis $^1/_{20}$ PS — Aggregate für Ladezwecke.	*168, Erdgeschoß*
Maschinenfabrik Eßlingen, Eßlingen	*siehe Anhang.*
J. G. Mehne, Elektr. u. Uhrenfabrik, Schwenningen a. N. . . . . Zweigfabrik: Vorm. Fürstl. Hohenz. Maschinen-Fabrik Immendingen (Baden). Elektrische Läutewerke aller Art für Schwach- und Starkstrom — Tableaux — Klingeltransformatoren — Doppel-Kopffernhörer — Schaltuhren — Wand- und Tischventilatoren — Wanduhren mit elektrischem Aufzug — Signaluhren — Elektromotoren — Elektrische Bügeleisen — Elektr. Haartrockenkämme — Elektrische Ondulierscheren — Benzinmotoren für Motorräder und Motorboote.	*233, Obergeschoß, stellt nicht aus*
Meirowsky & Co., Aktiengesellschaft, Porz a. Rh. Isolationsmaterial — Isolierte Leitungen — Emailledrähte — Hochspannungsdurchführungen — Hochspannungs-Schutzapparate.	*115, Obergeschoß*
E. Mende & Co., Dresden-N. 15, Industriegebäude Albertstadt	*36, Erdgeschoß*

Firma	Ausstellungs-Stand Nr.
Gebrüder Merten, Gummersbach (Rheinland), Spezialfabrik in Isoliermaterial und Hartgummi für die gesamte Elektrotechnik und Maschinenbau . . Stecker — Handlampen — Automobil-Material — Radio-Zubehörteile — Hebelschaltergriffe — Isolierteile usw.	248, Obergeschoß, *stellt nicht aus*
Metallwerk Zschauer A.-G., Berlin S 14, Neue Jakobstraße 18	*131, Obergeschoß*
Mika-Gesellschaft m. b. H., Berlin SW 68, Charlottenstraße 13	*15 a, Erdgeschoß*, *stellt nicht aus*
Mitteldeutsche Industrie-Gesellschaft m. b. H., Chemnitz, Zöllnerplatz 26 . . . . Elektr. Staubsauger — Kleinmotoren — Preßluftmaschinen.	*24, Erdgeschoß*
H. Moeller Komm.-Ges., Bonn-Rhein . . . . ⊕ Ardorit, ein keramisches Isolier- und Konstruktionsmaterial für die Elektrotechnik. ⊕	*279, Obergeschoß*, *stellt nicht aus*
Mohr & Bresse G. m. b. H., Berlin SW 11, Dessauer Straße 38	*138, Obergeschoß*
Otto Müller A.-G., Cöpenick b. Berlin	*288, Obergeschoß*, *stellt nicht aus*
Nägele & Völkel Elektro A.-G., Nürnberg, Fürther Straße 42	*50, Erdgeschoß*
Neheimer Metall-Industrie G. m. b. H., Neheim (Westf.)	*117, Obergeschoß*, *stellt nicht aus*
Neolitwerk Aktiengesellschaft, Dessau, Anhalt . . . Hochspannungsisoliermaterial — Isolierlacke — Mikanit — Preßspäne.	*24 a, Erdgeschoß*
*****Neufeldt & Kuhnke,** Kiel	*siehe Anhang.*
Radio-Kopffernhörer — Radio-Lautsprecher — **F. W. Noelle,** Lüdenscheid i. W.	*251, Obergeschoß*, *stellt nicht aus*
Norddeutsches Elektromotorenwerk Kom.-Ges., Hamburg-Lokstedt	*7, Erdgeschoß*, *stellt nicht aus*
Norddeutsche Kabelwerke A.-G., Berlin-Neukölln, Am Oberhafen	*108, Obergeschoß*

Firma	Ausstellungs-Stand Nr.
Nostitz & Koch, Fabrik elektrischer Apparate, Chemnitz i. Sa. . . . . Schaltapparate: Hebelschalter — Motortafeln — Porzellan- und Streifensicherungen — — Spez. Automatische Motorschutzschalter — Transformatoren für alle Spannungen u. Leistungen bis 600 kVA: Spannungswandler — Stromwandler — Schweißtransformatoren u. Spezial-:Ausführungen — Klingel- u. Radiotransformatoren.	3, Erdgeschoß
Oce-Sicherung G. m. b. H., Berlin S 42, Prinzessinnenstraße 21	145, Obergeschoß
Oelhorn & Kahn, Metallwarenfabrik, Bamberg i. Bay.	133, Obergeschoß
Osram G. m. b. H., Kommanditgesellschaft, Berlin O 17, Ehrenbergstr. 11-14 . . . . Luftleere und gasgefüllte Metalldrahtlampen — Osram-Nitra-Lampen, opal — Wiskott-Spiegel-Reflektoren.	127, Obergeschoß
Herm. Pawlick, Bad Blankenburg (Thür. Wald) . . .	140, Obergeschoß
Otto Peter, Fabrik für elektr. Apparate und Metallwaren, Osnabrück, Buerschestr. 10-10a . . . . Elektrisch beheizte Heißwasserapparate für alle Zwecke — Elektrisch beheizte Badeöfen verschiedener eigener Systeme — Elektr. Zentral-Warmwasserversorgung — Elektr. Haartrockenapparate — Wärmestrahler und Kochapparate.	119, Obergeschoß
„Phönix" Elektrizitäts-Gesellschaft Kupferschlag & Co., Unna i. W.	1, Erdgeschoß
Physikalische Werkstätten A.-G., Göttingen, Hainholzweg 46	37, Erdgeschoß
Julius Pintsch A.-G., Berlin O 27, Andreasstr. 71/73	40, Erdgeschoß
Plechati-Werke G. m. b. H., Berlin-Pankow	303, Obergeschoß, stellt nicht aus
Pöge Elektrizitäts-A.-G., Chemnitz, Dorfstr. 52 . . .	174, Mittelhalle
Porzellan- und Apparatefabrik Elektro-Union vorm. Beck, Aktiengesellschaft, Hochstadt, Oberfranken	49, Erdgeschoß
Porzellanfabrik Freiberg i. Sa. (s. Eintrag: Hermsdorf-Schomburg-Isolatoren G. m. b. H.).	79, Erdgeschoß

Firma	Ausstellungs-Stand Nr.
Porzellanfabrik Hentschel & Müller, Meuselwitz in Thür. . . . . Delta-Weitschirm-Hänge- und Abspann-Isolatoren — Durchführungen und Stützer — Hoch- und Niederspannungs-Isoliermaterialien.	63, Erdgeschoß
Porzellanfabrik Hermsdorf i. Thür. (s. Eintrag: Hermsdorf-Schomburg-Isolatoren G. m. b. H.)	79, Erdgeschoß
Porzellanfabrik zu Kloster Veilsdorf, A.-G., Veilsdorf (Werra) . . . . Isolatoren für Hoch- und Niederspannung — Eigene Hochspannungsprüfanlage — Sämtliche Porzellanartikel für elektrotechnische und technische Zwecke — Spezialität Radioporzellane.	77, Erdgeschoß
Porzellanfabrik Ph. Rosenthal & Co. A.-G., Berlin W 9, Bellevuestr. 10 . . . . Hoch- und Niederspannungs-Isolatoren — Stanzartikel — Porzellane für Radiozwecke.	71, Erdgeschoß
Porzellanfabrik Rosslau i. Anh. (s. Eintrag: Hermsdorf-Schomburg-Isolatoren G. m. b. H.).	79, Erdgeschoß
Porzellanfabrik Joseph Schachtel Aktiengesellschaft, Sophienau, Post Charlottenbrunn i. Schles. . . . . Hochspannungs-Freileitungs- u. Innenraum-Isolatoren aller Art — Niederspannungs-Isolatoren — Radio-, Stanz- und technisches Porzellan.	69, Erdgeschoß (Tel.: Nebenanschluß)
Porzellanfabrik H. Schomburg & Söhne (s. Eintrag: Hermsdorf-Schomburg-Isolatoren G. m. b. H.). **Porzellanfabrik Schwandorf i. Bayern** (s. Eintrag: Hermsdorf-Schomburg-Isolatoren G. m. b. H.).	79, Erdgeschoß
„**Porzellanmetall**" **Porzellan- und Metallwaren-Fabriken A.-G.,** Nürnberg	60, Erdgeschoß, stellt nicht aus
Porzellan-Union G. m. b. H., Vertriebsabteilung Kronach i. Bayern . . . . Hoch- u. Niederspannungs-Isolatoren — Radio-Isolatoren — Technische Porzellane — Porzellanwalzen.	64, Erdgeschoß

Firma	Ausstellungs-Stand Nr.
J. Preh junior, Fabrik elektrotechnischer Apparate, Neustadt a. Saale . . . . Englisches Installationsmaterial: Tumblerschalter kombiniert mit Steckdose — Steckdosen — Adaptors — Deckenrosetten usw. — Radiomaterial: Radio-Apparate — Radio-Einzelteile.	75, *Erdgeschoß*
Rudolf Preßler, Cursdorf (Thür. Wald) . . . . . . Elektrische Vakuumröhren wie Geißler-, Spektral-, Röntgen-, Crookes- u. Teslaröhren — physikal. u. chem. Glasinstrumente für Schulen und Laboratorien — Thermometer aller Arten — Hochfrequenz-Elektroden f. Massage.	227, *Obergeschoß, stellt nicht aus*
„Prometheus" Akt.-Ges. für elektr. Heizeinrichtungen, Frankfurt a. M.-West, Falkstr. 2	134, *Obergeschoß*
Radioröhrenfabrik G. m. b. H., Hamburg 15, Hammerbrookstr. 93	255, *Obergeschoß, stellt nicht aus*
Radiosonanz A.-G., Fabrik hochwertiger Radioapparate, Berlin W 57, Bülowstr. 22	239, *Obergeschoß, stellt nicht aus*
Radium-Elektrizitäts-Gesellschaft m. b. H., Wipperfürth . . . . Elektrische Glühlampen — Spezialität: Spiraldrahtlampen	164, *Obergeschoß*
C. Reinshagen, Ronsdorf/Rhld.	308, *Obergeschoß*
Rheinische Kohlenbürstenfabrik A.-G., Ahrweiler . .	319, *Obergeschoß, stellt nicht aus*
Rheinisch-Westfälische Sprengstoff A.-G., Köln . . .	152, *Obergeschoß*
„Rheostat", Spezialfabrik elektr. Apparate, Edm. Kussi, Dresden-N., Großenhainer Str. 130-32 . . Anlaß-, Regulier- u. Steuerapparate — Hochspannungsmaterial.	230, *Obergeschoß, stellt nicht aus*
Ringsdorff-Werke A.-G., Mehlem a. Rh. . . . . . . Dynamo-Kohlenbürsten — Dynamo-Grafitbürsten — Dynamo-Bronzekohlen — Bürstenhalter für elektr. Maschinen — Kontaktteile für Kontroller, Anlasser usw.	128, *Obergeschoß*

Firma	Ausstellungs-Stand Nr.
Roehrig Meyer G. m. b. H., Fabrik elektrotchnischer Isoliermaterialien, Berlin-Schöneberg und Elsterwerda . . . . ROEMEYPLAT Hartpapier — Mikanit — Isolierlacke — Ölleinen — Isoliermassen — „Oktisol"-Lötmittel.	115, Obergeschoß, stellt nicht aus
Otto Roller, Fabrik elektrotechnischer Apparate, Erfurt . . . . Schaltapparate aller Art — Motorschalttafeln — Sicherungen — Zellenschalter.	250, Obergeschoß, stellt nicht aus
Reinhard Rothe & Co., Weimar	167, Erdgeschoß
Rowiro-Gesellschaft, Rompe & Co. m. b. H., Berlin-Neukölln, Kaiser-Friedrich-Str. 217	306, Obergeschoß, stellt nicht aus
Gebr. Ruhstrat A.-G., Göttingen . . . . Gleitwiderstände — Meßinstrumente — Exp.-Schalttafeln — Saalverdunkler — Kino-Zubehör — automat. Ausschalter — Hebelumschalter — Hellux-Armaturen. **Elektro-Schalt-Werk A.-G.**, Göttingen . . . . . . Ladeschalttafeln — Lage-, Zählereich- und Prüf-Widerstände — Bühnenregulatoren — Oberlichter — Notbeleuchtungen — Schmelz- und Glühöfen — Radio-Apparate.	10, Erdgeschoß
Sachsenwerk, Licht- und Kraft-Aktiengesellschaft, Niedersedlitz-Dresden . . . . Elektromotoren — Generatoren — Einanker-Umformer — Transformatoren — Zentralen — Umspannwerke — Schaltanlagen — Fernleitungen — Ausrüstungen für Straßen- und Kleinbahnen — Hoch- und Niederspannungs-Apparate — Installationsmaterial — kompl. Schalttafeln.	177, Mittelhalle
Joh. Chr. Sander, Chemnitz-Gablenz . . . . Kleinmotoren (Präzisions-Spielzeugmotoren) — Dynamos — Aggregate — Ventilatoren — Heißluftduschen.	56,
Sander & Oemig, Hartha i. Sa.	236, Obergeschoß, stellt nicht aus

Firma	Ausstellungs-Stand Nr.
Santo G. m. b. H., Berlin W. 50, Tauentzienstr. 4 . .	*198, Mittelhalle*
„Santo"-Staubsauger — „Vampyr"-Staubsauger — Santo-Papierwollmaschine „Moloch". Isolierlacke — Industrielacke — Anstrichmittel nach den Vorschriften des E. Z. A. — Bohröl.	*323, stellt nicht aus*
Dr. Georg Seibt, Fabrik elektrischer und mechanischer Apparate, Berlin-Schöneberg, Hauptstr. 9 . . .	*15, Erdgeschoß*
Empfangsapparate für den deutschen Rundfunk — Experimentier-Empfänger — trichterlose Lautsprecher — Trichterlautsprecher — Doppelkopffernhörer mit verbesserter Lautstärke — Einzelteile — Kapazitätsmeßbrücken — Wellenmesser — Frequenzmesser.	
Georg Seipel, Spezialfabrik elektrischer Heiz- und Kochaparate, Berlin W. 57, Potsdamer Str. 89 . .	*136, Obergeschoß*
S. Siedle & Söhne, Furtwangen (Bad. Schwarzwald)	*102, Obergeschoß*
Siegel & Co., chemische Fabriken, Köln-Braunsfeld „Electroceïn", Erregersalz für galvanische Elemente.	*14, Erdgeschoß*
Siemens & Halske A.-G., Siemensstadt b. Berlin . .	
Elektr. Meßgeräte — Wasser-, Dampf-, Gas- und Luftmesser — Telegraphen — Feuermelder — Polizeimelder — Sicherungen gegen Einbruch — Elektr. Uhren — Fernsprecher — Verstärker — Rundfunk — Lautsprecher — Kabelgarnituren und Leitungen.	
Siemens-Schuckertwerke G. m. b. H., Siemensstadt bei Berlin	*175, Mittelhalle, Telephon 235 34*
Maschinen, Apparate und Erzeugnisse aller Art für Starkstrom — Installations- und Isoliermaterial — Technische Gummiwaren, auch für die Radio-Industrie.	
Siemens-Elektrowärme-Gesellschaft m. b. H., Sörnewitz bei Meißen	
Elektrische Heiz- und Kochapparate für Haushalt, Gewerbe, Industrie und Landwirtschaft.	
Signalapparatefabrik Julius Kräcker A.-G., Berlin W 57, Bülowstr. 47	*276, Erdgeschoß, stellt nicht aus*

Firma	Ausstellungs-Stand Nr.
Specialfabrik elektr. Maschinen vorm. Albert Ebert G. m. b. H., Dresden-Pieschen 23 . . . . Elektromotoren — Dynamos — Umformer — Generatoren bis 600 KW.	20, Erdgeschoß, stellt nicht aus
Julius Springer, Verlagsbuchhandlung, Berlin W 9, Linkstr. 23/24 . . . . Technische Literatur.	Vestibül
Süddeutsche Kabelwerke Mannheim (siehe unter Heddernheimer Kupferwerk und Süddeutsche Kabelwerke).	112, Obergeschoß
Richard Schaaf, Kranichfeld/Ilm	318, Obergeschoß, stellt nicht aus
Georg Schade, Fabrik elektrotechnischer und keramischer Bedarfsartikel, Großbreitenbach i. Thür. . . Elektrotechnische Porzellanapparate — Steckerfassungen mit Patronensicherungen D. R. P.	67, Erdgeschoß
Schaltapparate-Gesellschaft m. b. H., Eisenach, Eichrodter Weg 15 . . . . Flachbahn-Anlasser — Regel-Anlasser — Nebenschluß-Regler — Kontroller — Motorschaltkästen — Sterndreieckschalter — Webstuhl- und Umkehrschalter — Bremslüftmagnete.	245 b, Obergeschoß, stellt nicht aus
G. Schanzenbach & Co. G. m. b. H., Elektrotechnische und Lichttechnische Spezialfabrik, Frankfurt am Main-West	210, Mittelhalle
Gebrüder Scharpenberg G. m. b. H., Essen, Rüttenscheider Str. 64 . . . . Steckdosen — Stecker — Kabelschuhe.	68, Erdgeschoß
W. Scheerbarth, Vulkanfiber-Werke A.-G., Hamburg-Klein-Flottbek, Baron-Vogt-Str. 1	17, Erdgeschoß
Schiele & Bruchsaler, Industriekonzern, Baden-Baden SBIK Motorschaltwart, System Besag D. R. P. — SBIK Blitzwart, System Besag, D. R. P. — Obermoser Sparmotoren D. R. P. — Tischbandsäge „Liliput" und Tischhobler „Simplitt" mit eingebautem Obermoser-Sparmotor, D. R. P. — Obermoser Elektro-Schleifmaschine D. R. P. — Obermoser Reduktions-Motoren.	43, Erdgeschoß

Firma	Ausstellungs-Stand Nr.
Schiersteiner Metallwerk G. m. b. H., Berlin W 57, Schwerinstr. 3	*135, Obergeschoß*
*****Schlesische Elektrotechnische Fabrik G. m. b. H.**, Grünberg, Schl.	*siehe Anhang.*
C. & F. Schlothauer G. m. b. H., Ruhla in Thür. Zweigbüro Berlin SW. 68, Alexandrinenstr. 105/106 Installations-Materialien der elektrischen und Gas-Beleuchtungs-Industrie.	*154, Obergeschoß*
Schmahl & Schulz, Barmen	*281, Obergeschoß stellt nicht aus*
Gebr. Schmidt, Gummersbach . . . . Elektrotechnische Bedarfsartikel aller Art.	*286, Obergeschoß, stellt nicht aus*
*****Dr.-Ing. Schneider & Co.**, Lichttechnische Spezialfabrik, Frankfurt a. Main	*siehe Anhang.*
Gebr. Schneider, Hachenburg (Hessen-Nassau) . . . Handlampen — Schutzkörbe für die elektrische Beleuchtungs-Industrie.	*311, Obergeschoß, stellt nicht aus*
C. Schniewindt G. m. b. H., Elektrotechnische Spezialfabrik, Neuenrade i. Westf. . . . . Heiz- und Widerstandsmaterial — Heiz- und Widerstandsgitter — Anlasser — Vorschaltregulier- und Belastungswiderstände — Widerstandspakete in allen Abmessungen zum Einbauen — Stahldübel — Installations- und Schalttafelmaterial — Dynamobürsten in Metall und Kohle.	*122, Obergeschoß*
H. Schomburg & Söhne A.-G., Porzellanfabriken Margarethenhütte i. Sa. und Rosslau i. Anh. (s. Eintrag: Hermsdorf-Schomburg-Isolatoren G. m. b. H.	*79, Erdgeschoß*
Gustav Schortmann & Sohn, Leipzig-Plagwitz, Naumburger Str. 34/36 . . . . Spezialitäten: Stecker und Steckdosen 6—30 Amp.	*53, Erdgeschoß*
Georg W. Schott, Würzburg	*287, Obergeschoß, stellt nicht aus*

Firma	Ausstellungs-Stand Nr.
Paul Schröder, Spezialfabrik elektrischer Schaltapparate, Feuerbach-Stuttgart . . . . Schaltapparate für Treppen-, Straßen-, Schaufenster- und Reklamebeleuchtung — Klemmen aller Art für Schalttafelanlagen.	83, Erdgeschoß
Ferdinand Schuchardt, Berliner Fernsprech- und Telegraphenwerk, Aktiengesellschaft, Berlin SO 16, Rungestr. 9 . . . . Fernsprech-Tisch- und Wandapparate — Reihenschaltungs-Apparate und Zentralumschalter — Zentralen und Apparate für automatische Telephonie — Telegraphen-Apparate — Apparate für Radio-Telephonie und Zubehörteile.	206, Mittelhalle
Schumanns Elektrizitätswerk, Leipzig, Kl. Fleischergasse 8 . . . . Gleich- und Drehstrommotoren — Generatoren — Einankerumformer und Zubehör.	26, Erdgeschoß
Schunk & Ebe, Gießen und Frankfurt a. Main, Mainzer Landstr. 103. Verkaufsbüros: Berlin und Stuttgart . . . . Dynamo-Bürsten — Bürstenhalter — Kontaktfinger.	92, Obergeschoß
Steatit-Magnesia Aktiengesellschaft. Werke: Berlin-Pankow, Nürnberg-Ost, Lauf a. d. Pegn., Holenbrunn (Oberfr.) . . . . Elektrotechn. Porzellane — Hochspannungsartikel: Isolatoren, Durchführungen usw. — Niederspannungsartikel: Zündkerzen — Brenner f. Acetylen- und Kohlengas, Magnesia-Artikel f. Gasglühlicht.	105, Obergeschoß, stellt nicht aus
H. & S. Steinberger, Fabrik elektr. Koch- und Heizapparate, Bamberg i. Bayern	93, Obergeschoß, stellt nicht aus
Hans Still, Elektromotorenfabrik, Hamburg 15, Spaldingstraße 160 . . . . Spezialität: Kompl. Lichtstationen für Farmen, Landhäuser, Yachten usw.	277, Erdgeschoß, stellt nicht aus

Firma	Ausstellungs-Stand Nr.
Stop-Dübel A.-G., Berlin W 30, Nollendorfplatz 6 . .	338, Obergeschoß stellt nicht aus
Storbeck & Berger, Leipzig-Stötteritz, Weißestr. 18	237, Obergeschoß stellt nicht aus
Stotz G. m. b. H., Fabrik elektr. Spezialartikel, Mannheim-Neckarau	215, Erdgeschoß, stellt nicht aus
Friedrich Stübling G. m. b. H., Eisenach	299, Obergeschoß, stellt nicht aus
Stückrath & Höhfeld, Elektrowerk, Gelsenkirchen, Ueckendorfer Str. 159	167, Erdgeschoß, stellt nicht aus
„Telefunken", Gesellschaft für drahtlose Telegraphie m. b. H., Berlin SW 11, Hallesches Ufer 12—13 .	7, Erdgeschoß
Telephon-Apparate-Fabrik E. Zwietusch & Co. G. m. b. H., Komm.-Ges., Berlin-Charlottenburg, Salzufer 6/7 . . . . Fernsprechapparate — Elektr. Zeit- und Datumstempel — Kalkulagraphen (Zeitmesser) — Elektr. Lötkolben — Elektr. Hupen — Zentralumschalter — Schutzvorrichtungen gegen Starkstrom und Blitzgefahr — Polwechsler — Kabel — Drähte — Schnüre — Kondensatoren für Fernsprechzwecke — Rundfunkempfangsgerät — Funkhörer — Fernsprech-, Rohrpost-, Seilpost-, Förderband- und Signalanlagen.	213, Haupthalle 265, östl. Seitenschiff Fernsprecher: Leipzig 23 784 und über die Zentrale des H. d. E.
Telephon-Fabrik Actiengesellschaft vormals J. Berliner, Berlin-Steglitz, Siemensstraße 27 . . . . Hannover — Danzig — Dresden — Düsseldorf — Hamburg — Magdeburg — Mannheim — München.	201, Mittelhalle
Therma, G. m. b. H., Spezialfabrik für elektrische Heiz- und Kochgeräte, München . . . . . . Sämtliche Geräte der Elektrowärme für Haushalt, Industrie und Gewerbe — Spezialitäten: Elektrische Koch- und Küchenherde — Elektrische Heißwasserspeicher — Elektrische Kunst-Kachelöfen.	89, Obergeschoß

Firma	Ausstellungs-Stand Nr.
Thiel & Schuchardt, Metallwarenfabrik, A.-G., Ruhla Spezialität: Glühlampenfassungen in allen Ausführungen — Steckkontakte — Sicherungen — Zugkettenfassungen und Zugschalter — Hakensteckkontakte — Drehplattenkondensatoren — Sonstiges Radiomaterial.	*41, Erdgeschoß*
Titan, Elektrizitäts-Actien-Gesellschaft, Bergerhof (Rheinland) . . . . Elektrische Maschinen jeder Art und Größe.	*27, Erdgeschoß*
Union Elektrizitäts-Gesellschaft m. b. H. vormals Feodor Meyer, Bochum . . . . Stark- und Schwachstrom-Anlagen — Grubenartikel — Hoch- und Niederspannungs-Anlagen.	*50, Erdgeschoß, stellt nicht aus*
*****Velmag, Vereinigte Fabriken elektr. Meßinstrumente und -Apparate G. m. b. H.,** Leipzig-Stötteritz . .	*siehe Anhang*
Venditor, Verkaufskontor der Köln-Rottweil-Aktiengesellschaft und Rheinisch-Westfälischen Spreng-Stoff-Actien-Gesellschaft, G. m. b. H., Köln-Rottweil-Aktiengesellschaft, Berlin, Rheinisch-Westfälische Sperngstoff-Actien-Gesellschaft, Köln . . Vulkanfiber in Platten, Stäben und Röhren — Fassonteile usw. — Gummon-Preßteile für Starkstrom — Trolit (D. R. P.) in Platten, Stäben und Röhren — Preßteile aller Art für die Schwachstrom-Technik — Spezialität: Radiozubehörteile.	*152, Obergeschoß*
Vereinigte Isolatorenwerke Aktiengesellschaft, Berlin-Pankow, Wollankstr. 32/33 . . . . Bahnmaterial: Oberleitungsmaterial f. elektrische Bahnen aller Art — Isoliermaterial: Konstruktionsteile für elektrische Maschinen und Apparate — Installationsmaterial: Zähler- und Verteilungstafeln, Etagenabzweigklemmen — Isolierteile für Radio-Telephonie und Telegraphie.	*65, Erdgeschoß*
„V. L. G.", Leitungsdraht-Gesellschaft m. b. H., Berlin SW. 61, Tempelhofer Ufer 11 . . . . . . Gummiisolierte Starkstromleitungen.	*88, Obergeschoß*
Vogtländische Elektro-Industrie, Inh. Eduard Süppel, Plauen i. V. . . . . Spezialfabrik der Elektrotechnik.	*121, Obergeschoß*

Firma	Ausstellungs-Stand Nr.
Voigt & Haeffner, A.-G., Frankfurt a. M., Hanauer Landstraße . . . . Installationsapparate — Sicherungen — Drehschalter — Steckvorrichtungen — Verteilungen — Spezial-Installations-Apparate für Innen-Installation — Hebelschalter — schwere Drehschalter — Installationsapparate für die Landwirtschaft — Gußgekapselte Installationsapparate — Gekapselte Luftschalter — Oelschalter — Oelschaltkasten — Nieder- und Hochspannungsautomaten — Hochspannungsröhrensicherung — Höchstspannungsschalter bis 200 000 Volt — Kontroller — Widerstände — Anlaß-Apparate.	169, Mittelhalle
Gebr. Vollmann, Gevelsberg i. W.	331, Obergeschoß, stellt nicht aus
Volta-Werke, Elektrizitäts-Aktien-Gesellschaft, Berlin-Waidmannslust . . . . Transformatoren — Generatoren — Hochspannungsapparate — Motoren.	172, Mittelhalle
Vorwerk & Sohn, Abt. Gummiwerke, Barmen . . . Isolierbänder — Gummi-Isolierrohr — Schlauchringe — Vollgummireifen.	106, Obergeschoß
***Walther-Werk, Ferdinand Walther,** Grimma bei Leipzig	siehe Anhang.
Wamsler - Werke, Aktiengesellschaft, Spezialfabrik elektrischer Heiz- und Kochanlagen, München, Landsberger Str. 372 . . . . Kleinapparate für den Haushalt — elektrische Kochherde — Backöfen — Warmwasserspeicher.	6, Erdgeschoß, stellt nicht aus
„Wärmag", Wärme - Akkumulatoren - Gesellschaft m. b. H., Berlin W. 9, Potsdamer Str. 22. . . . . Elektr. Heiz- und Kochapparate für Haushalt und Industrie — Spezialität: Großbeheizungen.	126, Obergeschoß
Watt Elektrizitäts - Aktiengesellschaft, Dresden-N. 6, Königstraße 15 . . . . Widerstände — Reflektoren — Taschenlampenhülsen — Elektromotoren $^1/_{150}$—¼ PS — Radioapparate.	247, Obergeschoß, stellt nicht aus

Firma	Ausstellungs-Stand Nr.
Wenninger Elektro-Schweißmaschinen-Werk, München, Wolfratshauser Str. 5 . . . . Punktschweißmaschinen für Sicherungen und Lampenschirmgestelle — Stumpfschweißmaschine für Drahtschweißung — Ketten- und Ringschweißmaschine — Nietwärmer.	62, Erdgeschoß
*****Gustav Wenzel,** Schmalkalden . . . . Fabrik elektrotechnischer Apparate.	*siehe Anhang.*
Werkstätten für dekorative Kunst, Racz & Co., Lampenfabrik, Berlin	150, Obergeschoß
Westfälisch-Anhaltische Sprengstoff-A.-G., Chemische Fabriken, Berlin W 9, Fuggerhaus (Linkstr. 25) . .	163, Obergeschoß
Zählertafeln — Verteilungstafeln — Hebelschalterplatten — Schalttafelplatten — Zählerklemmen — Handlampengriffe — Abzweigdosen — Stecker- und Schalterteile — Trennwände — Hebelschaltergriffe — Formstücke jeder Art bis zu den größten Abmessungen.	
Westdeutsche Draht- u. Kabelwerke A.-G., Duisburg, Koloniestr. 120/22	337, Obergeschoß *stellt nicht aus*
Gebrüder Wickmann, Elektrotechnische Fabrik, Dortmund, Ludwigstr. 2—4 . . . . Abschmelzkörper.	101, Obergeschoß
Casp. Arn. Winkhaus, Karthausen, Westfalen . . .	246, Obergeschoß, *stellt nicht aus*
Emil Wirth, Maschinenfabrik, Hartmannsdorf bei Chemnitz . . . . Drehstrommotoren.	9, Erdgeschoß
Wohlfeil-Motoren-Werke, Berlin N 39, Gerichtstr. 85 Elektromotoren — Radioerzeugnisse.	11, Erdgeschoß, *stellt nicht aus*
Gustav Wolff Söhne A.-G., Berlin O 34, Gubener Straße 47	28, Erdgeschoß
Ziegenberg A.-G. für elektr. Kleinbeleuchtung, Berlin-Schöneberg, Eisenacher Str. 56	193, Mittelhalle
Wilhelm Ziegler vorm. J. F. Mack, Maschinenfabrik und Eisengießerei, Frankfurt a. M.-Rödelheim . . Elektromotoren für alle Stromarten bis 125 PS — Kreiselpumpen — Hauswasserversorgungen.	8, Erdgeschoß

Firma	Ausstellungs-Stand Nr.
Ziehl-Abegg, Elektrizitätsgesellschaft m. b. H., Berlin-Weißensee . . . . Elektromotoren — Ventilatoren — Dynamos — Kleinmotoren — Hochfrequenz- und Hochspannungs - Gleichstrommaschinen — Ladeumformer jeder Art.	*34, Erdgeschoß*
C. Richard Zumpe, Dresden-A. 14, Rabener Str. 4 . . Koch- und Heizapparate — Induktionsapparate.	*58, Erdgeschoß*
Zürn & Glinicke G. m. b. H., Berlin SO 26, Kottbuser Straße 23 . . . . Beleuchtungskörper für elektrisches Licht — Stanzartikel.	*161, I. Obergeschoß*
E. Zwietusch & Co. s. unter Telephon-Apparate-Fabrik E. Zwietusch & Co.	

Anhang.

Firma	Ausstellungs-Stand Nr.
Elektro-Konstruktions-Werkstätten Kurt Dietrich, Chemnitz . . . . Klingeltransformatoren — Kleintransformatoren — Elektrische Sparlampen.	142, Halle V
„Emag" Elektrizitäts-Aktien-Gesellschaft, Frankfurt a. M., Fabrik elektrischer Starkstromapparate u. Schaltanlagen . . . . Hochspannungsapparate, Niederspannungsmaterial und Vorführung eines elektr. Dampfbügeleisens.	74, Halle V
Eza-Werk, Zabel & Co., Bamberg, Fabrik elektrotechnischer Bedarfsartikel . . . . Spezialitäten: Sicherungselemente nebst Zubehör — Armaturen u. Kellerfassungen — Abzweigdosen — Aufzüge—Dachständer-Einführungen etc.	191, Halle V
Fresen & Co., Fabrik elektrotechnischer Spezialartikel, Lüdenscheid . . . . Drehschalter und Birnschalter in verschiedenen Ausführungen.	196, Halle V
Guido Horn, Berlin-Weißensee, Langhansstr. 125 . . Schnellflechtmaschinen zur Umflechtung von Leitungsdrähten vom Dynamodraht bis zum Panzerkabel — Präzisions-Kreuzspulmaschinen für Glanzgarn und Baumwolle.	585/87, Halle 12 F
Emil Löw, elektro-keramische Ofenfabrik, Oos . . .	211/12, Halle 5
Maschinenfabrik Eßlingen, Eßlingen . . . . Elektromotoren — Dynamos — Transformatoren — Kranausrüstungen — Elektrokarren.	270, Halle 5
Neufeldt & Kuhnke, Kiel . . . . Radio-Kopffernhörer — Radio-Lautsprecher — Radio-Zubehör — Elektromotoren — Schnellregler.	125a und 128, Halle 5

Firma	Ausstellungs-Stand Nr.
Schlesische Elektrotechn. Fabrik G. m. b. H., Grünberg, Schl. . . . . Schalter — Steckdosen — Stecker — Abzweigdosen — Kellerfassungen — Armaturen — Steckerfassungen — Sicherungselemente — Lüsterklemmen — englische Deckenrosetten — Dosen- und Kastensicherungen — Motorlüsterklemmen — Hartgummiartikel.	179, Halle 5
Dr.-Ing. Schneider & Co., Lichttechnische Spezialfabrik, Frankfurt a. Main . . . Beleuchtungskörper für Außen- und Innenbeleuchtung — Original-Arbeitslampe „Horax" — Gruben-Armaturen — Disco-Schnurzüge D. R. P.	87-102, z. Zt. Specks Hof, Reichstr. 4-6
Velmag, Vereinigte Fabriken elektr. Meßinstrumente und Apparate, G. m. b. H., Leipzig-Stötteritz . . Sämtliche Meßgeräte für Schaltanlagen jeder Stromart — Präzisions-Meßgeräte für Laboratorium und Montage — Leistungs-Phasen-Frequenzmesser — Meßgeräte für Radio.	205, Halle 5
Walther-Werk, Ferdinand Walther, Grimma bei Leipzig . . . . Starkstrom-Schaltapparate.	44, Halle 5
Gustav Wenzel, Fabrik elektrotechnischer Apparate, Schmalkalden	326, Halle 5

ETZ

Elektrotechnische Zeitschrift

Organ des Elektrotechnischen Vereins seit 1880 und des Verbandes Deutscher Elektrotechniker seit 1894

Die ETZ ist das Fachblatt des technisch-wissenschaftlich und prakt. arbeitenden Elektrotechnikers!

Wer hat die Führung auf technisch-wissenschaftlichem Gebiet?
Die Elektrotechnische Zeitschrift! Sie berichtet in ihrem gediegenen, mit Illustrationen durchsetzten Textteil über alle Fortschritte und Neuerungen auf dem Gesamtgebiete der Elektrotechnik!

Wer fördert den Praktiker und gibt laufend Berichte über die wirtschaftliche Lage der Elektroindustrie?
Die Elektrotechnische Zeitschrift! Sie ist die berufene Vertreterin der Elektrotechnik im In- u. Auslande.

Wer vertritt die auf dem Gebiete der Elektrotechnik maßgebenden deutschen Verbände?
Die Elektrotechnische Zeitschrift! Sie ist das Organ des Verbandes Deutscher Elektrotechniker und des Elektrotechnischen Vereins.

Die **ETZ** erscheint in wöchentl. Heften und kann im **In-** und **Auslande** durch jede Sortimentsbuchhandlung, jede Postanstalt oder den unterzeichneten Verlag bezogen werden. Preis im Inlande **monatlich** 2.50 Goldmark, Einzelheftpreis 0,80 Goldmark, im Auslande **vierteljährlich** 2 Dollar zuzüglich 0,75 Dollar Versandspesen, Einzelheftpreis 0,20 Dollar.

Verlag von Julius Springer in Berlin W 9

Der Radio-Amateur

Zeitschrift für Freunde der drahtlosen Telephonie u. Telegraphie
Organ des Deutschen Radio-Clubs * Herausgegeben von Dr. E. Nesper

Der Radio-Amateur
ist die führende Radio-Zeitschrift, die das Gesamtgebiet der drahtlosen Telephonie und Telegraphie für den Amateur ernsthaft und belehrend behandelt.

Der Radio-Amateur
bringt Mitteilungen über die bemerkenswerten technischen Neuerungen, sowie über die wissenschaftlichen Entdeckungen auf dem Gebiete der gesamten drahtlosen Nachrichtenübermittelung in kürzester Zeit. In jedem Heft erscheinen von anerkannten Spezialisten Aufsätze, die den Anfänger sowohl als auch den Fortgeschrittenen in das vielseitige und nicht immer einfache Gebiet einführen.

Der Radio-Amateur
erscheint jeden Freitag
mit dem Wochenprogramm sämtlicher deutscher Rundfunksender als gesonderter Beilage.

Monatlicher Bezugspreis
für das Inland 1,60 Goldmark, für das Ausland vierteljährlich 1,15 Dollar, dazu Porto und Verpackungsspesen bei direkter Zustellung durch den Verlag bzw. postalische Bestellgebühr beim Bezuge durch die Post. Einzelheftpreis 0,40 G.-M. bzw. 0.10 Doll.

Zu beziehen durch
jede Buchhandlung, jede Postanstalt oder direkt vom
Verlag Julius Springer in Berlin W 9

**VERLAG JULIUS SPRINGER UND M. KRAYN
BERLIN**

MIX
Papier aus verantwortungsvollen Quellen
Paper from responsible sources
FSC® C105338

If you have any concerns about our products,
you can contact us on
ProductSafety@springernature.com

In case Publisher is established outside the EU,
the EU authorized representative is:
**Springer Nature Customer Service Center GmbH
Europaplatz 3, 69115 Heidelberg, Germany**

Printed by Libri Plureos GmbH
in Hamburg, Germany